规模养殖场
兽用抗菌药使用减量化技术指南

郝小静　衣服德　张安云　等　编著

中国农业科学技术出版社

图书在版编目（CIP）数据

规模养殖场兽用抗菌药使用减量化技术指南 / 郝小静等编著. -- 北京：中国农业科学技术出版社，2024.9.
ISBN 978-7-5116-7009-0

Ⅰ.S859.79

中国国家版本馆CIP数据核字第2024HG2563号

责任编辑　金　迪
责任校对　李向荣
责任印制　姜义伟　王思文

出 版 者	中国农业科学技术出版社
	北京市中关村南大街 12 号　　邮编：100081
电　　话	（010）82106625（编辑室）　（010）82106624（发行部）
	（010）82109709（读者服务部）
网　　址	https://castp.caas.cn
经 销 者	各地新华书店
印 刷 者	中煤（北京）印务有限公司
开　　本	170 mm×240 mm　1/16
印　　张	5
字　　数	86 千字
版　　次	2024 年 9 月第 1 版　2024 年 9 月第 1 次印刷
定　　价	48.00 元

◁━━ 版权所有·侵权必究 ━━▷

《规模养殖场兽用抗菌药使用减量化技术指南》编著人员

主 编 著：郝小静　衣服德　张安云

副主编著：张　倩　白光烨　刘开东

编著人员（按姓氏笔画排序）：

于　江　王君玮　厉　鹏　成子强

刘华伟　刘宝涛　牟海津　杨培培

吴　刚　何增国　宋翠平　张小荣

张艺蕾　张启迪　赵　格　郝海玉

祝贵华　梁　晓　蔡青秀

随着畜牧业的发展，兽用抗菌药在防治畜禽疫病方面发挥着重要作用。然而由于养殖生产中兽用抗菌药的过度和不科学使用，造成畜禽产品兽药残留超标，更为严峻的是兽用抗菌药使用产生的持续选择性压力加剧了耐药病原菌的产生和传播，严重影响了畜禽产品的质量安全，甚至威胁到人类健康、公共卫生安全和生物安全，成为制约畜牧业高质量发展的瓶颈。"民以食为天，食以安为先"，习近平总书记指出，确保农产品质量安全是事关人民生活、社会稳定的大事，人民群众对农兽药残留超标等问题深恶痛绝，必须下大力气予以解决。兽用抗菌药不科学不规范使用，已引起政府部门和人民群众的高度关注。全球范围内，抗菌药物减量化已经成为一种趋势。减少养殖过程中兽用抗菌药的使用，符合国际食品安全和环境保护的要求，有助于提升我国在国际社会的形象和增强我国畜禽产品在国际市场的竞争力。

2018年4月20日，农业农村部发布了《兽用抗菌药使用减量化行动试点方案（2018—2021年）》，通过3年时间，实施了养殖环节兽用抗菌药使用减量化行动试点工作，推广兽用抗菌药使用减量化模式，减少使用抗菌药类药物饲料添加剂，我国兽用抗菌药使用量实现"零增长"，兽药残留和动物源细菌耐药问题得到有效控制。2019年7月10日，中华人民共和国农业农村部第194号公告要求，自2020年1月开始停止生产、进口、经营、使用部分药物饲料添加剂，开启饲料端禁抗。2020年9月27日，国务院办公厅发布了《关于促进畜牧业高质量发展的意见》（国办发〔2020〕31号），要求加强兽用抗菌药综合治理，实施动物源细菌耐药性监

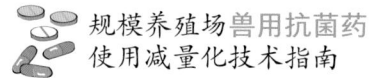

测、药物饲料添加剂退出和兽用抗菌药使用减量化行动。2021年10月25日，农业农村部印发《全国兽用抗菌药使用减量化行动方案（2021—2025年）》，指出要以生猪、蛋鸡、肉鸡、肉鸭、奶牛、肉牛、肉羊等畜禽品种为重点，确保"十四五"时期全国产出每吨畜禽产品兽用抗菌药的使用量保持下降趋势。

目前，兽用抗菌药使用减量化行动已在规模养殖场实施，到2025年末，50%以上的规模养殖场要实施养殖减抗行动，建立完善并严格执行兽药安全使用管理制度，做到规范科学用药，全面落实兽用处方药制度、兽药休药期制度和"兽药规范使用"承诺制度。但鉴于我国规模养殖场生产设备设施条件、技术水平不一，在兽用抗菌药使用减量化行动中，有的养殖场兽用抗菌药使用减量化工作的制度落实不到位、措施不力、技术不全面，严重影响了兽用抗菌药使用减量化效果，阻碍了兽用抗菌药使用减量化工作顺利开展。

为加快兽用抗菌药使用减量化行动，推动规模养殖场开展兽用抗菌药使用减量化行动，编著者按照《全国兽用抗菌药使用减量化行动方案（2021—2025年）》要求，参照《规模化养殖场减抗效果评价打分表》，结合近年来兽用抗菌药使用减量化工作情况，编写了《规模养殖场兽用抗菌药使用减量化技术指南》，为养殖场在生物安全防控、基本制度制定、兽用抗菌药使用情况记录和开展兽用抗菌药使用减量效果评价等方面提供技术指导，做到系统全面、规范科学进行兽用抗菌药使用减量化的工作，提高养殖场生产水平和经济效益，促进畜牧业高质量发展。

受编著者水平所限，书中不妥之处在所难免，敬请读者批评指正。

编著者

2024年7月

目录

1 **规模养殖场兽用抗菌药使用减量化基本原则** ········· 1
   1.1 精准养殖管理 ································· 2
   1.2 生物安全防控 ································· 4
   1.3 规范使用兽用抗菌药 ··························· 5
   1.4 科学使用兽用抗菌药 ··························· 6
   1.5 使用兽用抗菌药替代产品 ······················· 8

2 **养殖场生物安全** ································· 9
   2.1 养殖场选址 ··································· 10
   2.2 养殖场布局 ··································· 11
   2.3 畜禽舍环境 ··································· 12
   2.4 消毒设施 ····································· 14
   2.5 粪污处理设施 ································· 15
   2.6 养殖场生物媒介防控设施 ······················· 18

3 **养殖场兽医人员要求** ····························· 19
   3.1 兽医人员配备 ································· 20
   3.2 兽医人员诊疗能力 ····························· 20
   3.3 兽医人员使用抗菌药的水平和能力 ··············· 22

4 **养殖场兽医诊疗条件要求** ························· 23
   4.1 诊疗场所及设施设备 ··························· 24
   4.2 诊疗场所功能 ································· 24
   4.3 诊疗场所病理诊断、药敏试验功能 ··············· 25

5 **养殖场兽药储存条件要求** ························· 27
   5.1 设立专门的兽药储存场所 ······················· 28
   5.2 兽药储存场所应符合避光、防潮等兽药储存要求 ··· 28
   5.3 兽药储存场所应放置冰箱、冰柜等设备 ··········· 28
   5.4 兽药储存场所应配备兽药二维码扫描、上传设备 ··· 28

5.5　兽药应按照种类、品种分门别类存放，不应混放 ·················· 28
　　5.6　兽用抗菌药应在单独区域存放，防止错发错用，增加用药量 ······ 29
6　养殖场基本制度 ··· 31
　　6.1　生物安全管理制度 ··· 32
　　6.2　兽药供应商评估制度 ··· 32
　　6.3　兽药出入库管理制度 ··· 33
　　6.4　兽医诊断与用药制度 ··· 34
　　6.5　记录制度 ··· 35
　　6.6　其他制度 ··· 35
7　养殖场相关记录 ··· 37
　　7.1　兽用抗菌药出入库记录 ······································· 38
　　7.2　兽医诊疗记录 ··· 39
　　7.3　用药记录 ··· 42
　　7.4　其他记录 ··· 43
　　7.5　档案管理 ··· 45
8　养殖场兽用抗菌药使用减量化方案制定 ························· 47
　　8.1　制定减量化方案 ··· 48
　　8.2　方案评价与完善 ··· 50
9　兽用抗菌药使用减量化关键技术 ······························· 51
　　9.1　饲料与饮水安全卫生技术 ····································· 52
　　9.2　饲养管理技术 ··· 53
　　9.3　健康保健技术 ··· 55
　　9.4　免疫防控技术 ··· 57
　　9.5　疫病诊断技术 ··· 58
　　9.6　药物敏感性检测技术 ··· 59
　　9.7　中兽药防治技术 ··· 60
10　养殖场兽用抗菌药使用减量化效果评价 ························ 63
　　10.1　兽用抗菌药使用减量化情况报告 ······························ 64
　　10.2　单位畜禽产品用药量评价 ···································· 64
　　10.3　按养殖批次统计分析兽用抗菌药使用减量化情况 ················ 65
　　10.4　减量化行动前后减量化效果对比 ······························ 67
　　10.5　养殖场减量化行动自查自评 ·································· 68

规模养殖场兽用抗菌药使用减量化基本原则

根据农业农村部印发的《全国兽用抗菌药使用减量化行动方案（2021—2025年）》中的《兽用抗菌药使用减量化指导原则》，养殖场（户）应根据畜禽养殖环节疫病发生流行特点和预防、诊断、治疗的实际需要，树立健康养殖、预防为主、综合治理的理念，从"养、防、规、慎、替"五个方面，建立完善管理制度、采取有效管控措施、狠抓落实落地，提高饲养管理和生物安全防护水平，推动实现本场（户）养殖减抗目标。

1.1 精准养殖管理

"养"，即精准养殖管理，精准把好养殖管理"三个关口"，从养殖模式、种源、营养上把关，保证畜禽健康，减少畜禽发病，达到减少兽用抗菌药使用的目的。

1.1.1 养殖模式

应根据不同畜禽生产需要，选择适宜的饲养方式，精准控制和调节养殖环境，保障畜禽健康。随着畜禽养殖规模扩大，养殖模式对畜禽的健康至关重要。首先在养殖场建设前要科学规划，场区选择需要重点考虑周边生物安全隔离条件、风向，污道和净道分开，尽可能满足单点饲养，全进全出，明确不同畜禽品种的养殖方式，为畜禽生产提供完备的基础设施，提供良好的饲养管理条件。例如，目前家禽养殖场采用的密闭式层叠式笼养模式（图1-1），环境控制实现自动化、智能化，粪便及时清理，可保证家禽温湿度适宜、空气新鲜，为家禽健康提供优良的环境，减少疾病发生；奶牛发酵床饲养模式（图1-2），可为奶牛提供了舒适的生产条件，减少奶牛乳房炎、肢蹄病的发生；生猪漏缝地板可减少生猪与粪尿接触，提高生猪健康水平。养殖场应通过新建和改造养殖设施设备，全方位满足畜禽健康养殖的需要，才能实现畜禽少发病，从而减少兽用抗菌药使用。因此，养殖模式是健康养殖的保障，是养殖场兽用抗菌药使用减量化的重点。

1.1.2 种源引进

应选择优良品种的健康畜禽，防止病原垂直传播，保障种源质量。健康种源是畜禽健康的基础，也是兽用抗菌药使用减量化的关键。不健康的种源通过垂直和水平传播将携带病原微生物扩散至全群，在某些应激情况下导致畜禽临床发病。

1 规模养殖场兽用抗菌药使用减量化基本原则

图 1-1 蛋鸡密闭式层叠式笼养模式

图 1-2 奶牛发酵床饲养模式

目前种源传播疾病众多,有的引起免疫抑制,造成畜禽免疫效果不佳、抗病力下降;有的疾病前期不表现临床症状,不易被发现,到后期才发病,治疗时增加了兽用抗菌药使用量。因此要把好"种源关",养殖场引种时应选取优良品种和品牌场家的健康畜禽,要按批次严格检测苗种健康状况,防止携带种源性病原微生物进入养殖场。

1.1.3 营养健康

应根据畜禽不同阶段的营养需求,制定科学合理的饲料配方,保证营养充足均衡。

营养不仅是畜禽生长、生产的需要,更是健康的基本保证。饲料品质不佳、适口性差,畜禽采食量少,机体养分消耗大,畜禽营养不足,抗病力下降,可诱发疾病,如大肠杆菌等一些条件性致病菌常常先感染瘦弱畜禽,再引起群体发病;营养过剩,造成畜禽器官机能下降,同样可引发疾病。如雏鸡早期饲料的粗蛋白含量过高，可造成痛风；产蛋鸡能量过高，油脂沉积多，造成产蛋脱肛，生殖道细菌感染；母畜生产前过肥，难产助产时，为防止细菌感染使用兽用抗菌药，会增加兽用抗菌药使用量。应把好营养关，根据畜禽不同阶段的营养需求，制定科学合理的饲料配方，保证营养充足均衡（图1-3），达到提高畜禽个体抵抗力和群体健康水平的目的。

图 1-3　运用 TMR 全日粮饲料搅拌机保证奶牛营养均衡

1.2　生物安全防控

"防"，即全面防范畜禽疫病发生传播风险，按照传染病防控原则，消灭传染源、切断传播途径、保护易感动物，控制和减少畜禽疫病的发生，从而达到兽用抗菌药使用减量的目的。

1.2.1　树立生物安全理念，严格落实动物防疫主体责任

随着畜禽养殖规模扩大、畜禽运输范围扩大，畜禽病原扩散成为动物疫病发生的重要因素。养殖场是动物防疫的主体，应树立生物安全理念，做好养殖场的生物安全防控工作。加强养殖场生物安全制度建设，定期进行人员培训和生物安全措施评估。

1.2.2　改善养殖场所物理隔离、消毒设施设备等动物防疫条件

目前一些养殖场在场区内缺少物理隔离设施，人员流动多，消毒设施设备不完善、闲置不用，不利于畜禽防疫。养殖场在规划设计上，要做好养殖场围墙、场区内不同功能区的物理隔离，严格控制人员不必要的流动，设计

安装车辆、人员的消毒设施设备；老旧养殖场应完善物理隔离措施、消毒设施设备等动物防疫条件。

1.2.3 严格执行生物安全防控的制度和措施，减少病原传播

养殖场在饲养管理方面，应制定生物安全防控的（车辆、人员、物料）进出管理制度、动物引进制度、消毒管理制度、环境卫生制度、饲养员管理制度、免疫计划落实制度、病死动物剖检及无害化处理制度和操作技术措施，并严格执行，控制病原传播。

1.2.4 实施疫病免疫和消杀灭源，从源头上减少病毒性、细菌性等动物疫病

畜禽疫病种类多，一些疫病采用疫苗免疫防控，畜禽免疫后产生的抗体可以抵御病原对畜禽的侵害，同时要运用消毒灭菌方法，净化病原，为畜禽生长生产提供生物安全环境，从源头上减少病毒性、细菌性等动物疫病，可有效减少兽用抗菌药使用。

1.3 规范使用兽用抗菌药

"规"，即严格规范使用兽用抗菌药。2020年3月27日修订的《兽药管理条例》第六章兽药使用，对兽药使用环节进行了规定，规模养殖场在使用兽用抗菌药时应依照条例规定执行。

1.3.1 严格执行兽药安全使用要求，符合《兽药管理条例》规定

《兽药管理条例》第三十八条规定：兽药使用单位，应当遵守国务院兽医行政管理部门制定的兽药安全使用规定，并建立用药记录。

1.3.2 严禁使用禁止使用的药品和其他化合物、停用兽药、人用药品、假劣兽药

《兽药管理条例》第三十九条规定：禁止使用假、劣兽药以及国务院兽医行政管理部门规定禁止使用的药品和其他化合物。禁止使用的药品和其他化合物、停用兽药是经过实践证实对畜禽健康和食用畜产品的人会造成严重危害的药物。使用人用药品可导致动物源性细菌对人用药耐药并促进耐药基因向人传播，造成人的细菌耐药，增加细菌病治疗难度。假劣兽药不仅无法有效治疗畜禽疾病，而且耽搁疾病治疗最佳时间，加重畜禽病情，危害畜禽健康。

1.3.3 严格执行兽用处方药、休药期等制度

根据《兽药管理条例》和《兽用处方药和非处方药管理办法》规定，农业农村部先后组织制定了三批《兽用处方药品种目录》，兽用处方药需凭处方购买使用。为了控制畜禽产品中兽药残留指标，用于食品动物的兽药，需严格遵守休药期制度，在处方中注明药物的休药期。

1.3.4 按照兽药标签说明书标注事项，对症治疗、正确使用、剂量准确

养殖场兽医人员在治疗畜禽疾病时，应按照兽药标签说明书描述的适用症，选择药物品种对症治疗，按照规定或推荐的方法、剂量使用，做到规范使用，不应随意加大或减少用量。兽药产品推荐的使用剂量是根据药物的特性经过试验验证具有较好治疗效果的剂量，养殖场不按照药物适用症、随意加大药物使用剂量是兽用抗菌药滥用、过量使用的原因之一。

1.4 科学使用兽用抗菌药

"慎"，即科学审慎使用兽用抗菌药。兽用抗菌药主要用于预防和治疗畜禽细菌性疾病，随着兽用抗菌药的不断使用，细菌耐药水平不断提高，耐药谱扩大，多重耐药现象越来越普遍，可供选择使用的兽用抗菌药种类越来越少，科学使用兽用抗菌药不仅是养殖场兽用抗菌药使用减量化的关键，也是节省畜禽治疗药物费用的有效措施。养殖场须高度重视细菌耐药问题。

1.4.1 开展病原菌耐药性调查，逐步建立药物敏感性档案

由于我国畜禽养殖生产中兽用抗菌药使用量大，动物源性细菌耐药性普遍偏高，多重耐药现象严重，甚至在疾病治疗中出现无药可用的现象。在目前大规模养殖情况下，一旦畜禽出现发病，群体用药治疗的用药量骤增，养殖场将面临很大的经济损失。养殖场在兽用抗菌药使用减量化工作中，要高度重视细菌耐药问题，掌握养殖场病原菌的耐药情况，通过药物敏感性检测筛选敏感药物，建立档案，便于在疾病早期选择使用有效兽用抗菌药控制疾病。

1.4.2 根据执业兽医处方、药敏试验检测结果等，精准选择敏感性强、效果好的兽用抗菌药

在进行畜禽疾病治疗中，一是应由执业兽医进行疾病诊断，开具用药处

方治疗，二是通过专业的细菌药敏试验筛选敏感性强、效果好的药物治疗。但目前养殖场在这方面普遍欠缺，凭经验用药，往往造成药物滥用、治疗效果不佳，加大了用药量。

1.4.3　坚持审慎用药、分级分类用药的原则

兽用抗菌药经常被作为预防性药物使用，有的养殖场兽医人员不考虑畜禽发病原因，盲目用药现象时有发生。兽用抗菌药使用应在了解分析疫病情况，做出判断、诊断后正确用药。对于无治疗价值的畜禽个体，进行淘汰，减少大群用药。同时在治疗中要根据疾病的细菌特点，按照药物分类，采用先低级后高级的用药原则，减少用药品种，降低药物级别，遏制细菌耐药，为控制耐药菌保留可用的敏感药物。

1.4.4　应谨慎联合使用兽用抗菌药

养殖场在治疗畜禽疾病时，兽医人员为了尽快控制畜禽疾病，往往使用多种兽用抗菌药，这不仅增加了用药量，提高了细菌耐药水平，而且有时因为不了解药物的属性、毒性，可能造成重复用药、药物拮抗现象，影响治疗，甚至出现畜禽药物中毒现象，这是养殖场兽用抗菌药使用量增加的原因之一。联合用药应在一种药物不能杀灭病原菌，需要不同药物协同提高效果等情况下使用，因此，如果能用一种兽用抗菌药达到治疗效果，就不应同时使用多种兽用抗菌药治疗畜禽疾病。

1.4.5　分类分级选择用药品种

治疗畜禽细菌性疾病的药物种类较多，药物作用机制不同，养殖场兽医人员应了解药物的种类和分级，针对畜禽细菌的特点选择用药，能用一般级别兽用抗菌药治疗就不应使用更高级别兽用抗菌药，能用窄谱兽用抗菌药就不应使用广谱兽用抗菌药。广谱兽用抗菌药杀菌谱广，能引发多种细菌产生耐药，提高耐药水平。广谱兽用抗菌药滥用也是造成畜禽细菌耐药水平居高不下的原因之一。

1.4.6　应多采用动物个体精准治疗用药，减少动物群体预防治疗用药

目前畜禽养殖规模不断增加，畜禽群体数量很大，群体用药治疗和疾病预防往往造成兽用抗菌药用量大幅度增加，健康养殖对于养殖场兽用抗菌药

使用减量化尤为重要，养殖场应做好饲养管理工作，减少畜禽发病，对于可采用个体治疗的畜禽应尽可能个体治疗，精准用药，对不需要使用兽用抗菌药进行治疗的畜禽则不用抗菌药，预防疾病可采用兽用抗菌药的替代产品。

1.4.7 应对无治疗价值或治疗价值不大的动物，放弃治疗，尽早淘汰

养殖场应树立正确的畜禽疫病防控理念，应加强饲养管理，保障畜禽健康，在平时巡查时，一旦发现个别发病畜禽，能采取隔离方式治疗的应隔离治疗，对无治疗价值或治疗价值不大的动物，应放弃治疗，尽早淘汰，对不需要使用兽用抗菌药治疗的畜禽应不使用兽用抗菌药。

1.5 使用兽用抗菌药替代产品

应用兽用抗菌药替代产品是兽用抗菌药使用减量化的重要手段，一些替代产品既能改善畜禽肠道健康，提高抗病能力，又可减少畜产品的药物残留，提高畜产品质量安全。

1.5.1 应以高效、休药期短、低残留的兽用抗菌药品种，逐步替代低效、休药期长、易残留的兽用抗菌药品种

养殖场兽医人员在畜禽疫病治疗中，应通过了解分析畜禽细菌耐药情况，选择敏感高效、休药期短、低残留的兽用抗菌药，减少低效、休药期长、易残留的兽用抗菌药品种，达到治疗高效，减少兽用抗菌药使用量，缩短畜禽疾病治疗休药期，控制畜产品药物残留的目的。

1.5.2 应用兽用中药、微生态制剂等无残留的绿色产品，替代部分兽用抗菌药品种

目前兽用中药、微生态制剂等产品具有无残留、安全绿色的特点，已成为兽用抗菌药的替代产品，在养殖生产和疾病预防治疗中使用兽用中药，可调节畜禽生理机能，提高健康水平；使用微生态制剂可调节肠道健康，增加免疫抗病能力。对于大规模养殖场，通过应用防治畜禽疫病的绿色产品，提高畜禽健康水平，将大幅度减少养殖场兽用抗菌药的使用量。

养殖场生物安全

生物安全是指在养殖过程中，采取多种措施来保护畜禽免遭致病微生物的侵袭而建立的一道屏障，具体说就是为了减少疾病侵入畜禽及防止患病畜禽将疾病传播给其他畜禽而进行的一切工作。目前兽用抗菌药使用减量化行动要求养殖场生物安全要在养殖场选址、养殖场布局、畜禽舍环境、消毒设施、粪污处理设施等方面做好工作，减少畜禽疾病发生、传播，达到兽用抗菌药使用减量化的目的。

2.1 养殖场选址

养殖场正确选址建设是畜禽健康养殖的有力保障，不仅便于畜禽疾病防控，还可为养殖生产提供良好生物安全环境和优良养殖生产条件。

2.1.1 建设选址应符合《动物防疫条件审查办法》的要求

2022年12月1日起我国施行的《动物防疫条件审查办法》（农业农村部令2022年第8号），规定了动物养殖场的防疫条件，养殖场正确选址是畜禽健康养殖的基础，养殖场在选址时，应充分考虑动物防疫需要，获得动物防疫条件合格证（图2-1），减少疾病传播。

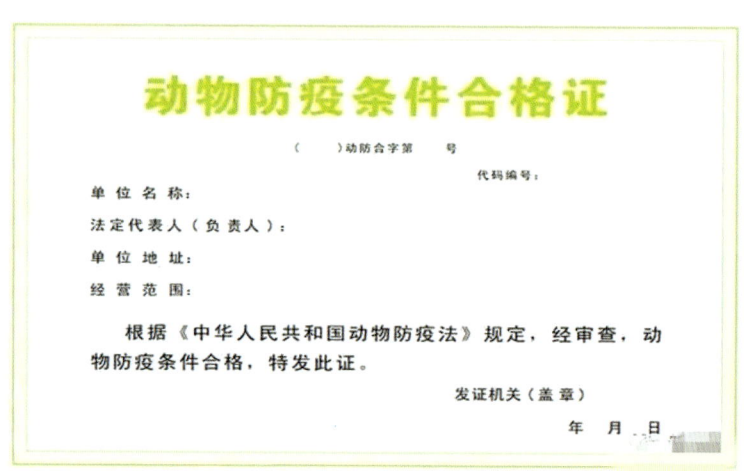

图 2-1　养殖场动物防疫条件合格证样图

2.1.2 养殖场与交通干线、居民区、屠宰场及其他养殖场的距离应符合当地要求

养殖场在建设规划上，需要考虑畜禽疫病防控要求，应与交通干线、居

民区、屠宰场及其他养殖场保持距离，减少病原传播，保障畜禽健康，有助于兽用抗菌药使用减量化。一些老旧养殖场防疫距离不符合要求，在发生畜禽疫情时，极易受到威胁和传染，因此在养殖生产中更应做好防疫消毒工作。

2.1.3 养殖场环境应达到 NY/T 388 要求

养殖场应遵循 NY/T 388《规模养殖场环境质量标准》，在空气、生态环境质量以及畜禽饮用水的水质方面达到标准，为畜禽养殖提供良好条件。

2.2 养殖场布局

养殖场合理布局，便于控制车辆、物品、人员有序流动，在设计规划时尽可能满足"单点生产，全进全出"理念，同时加强场区间的物理隔离，减少场内外病原传播，减少畜禽疫病发生和兽用抗菌药使用。

2.2.1 应合理利用地形、风向和光照，有效利用土地，分区规划布局符合 NY/T 682 要求

养殖场在规划设计和建设中，应遵循 NY/T 682《畜禽场场区设计技术规范》，应合理利用地形、风向和光照，有效利用土地，科学分区规划布局，为养殖生产、疫病防控打好基础。

2.2.2 养殖场应分成 5 个功能区

根据养殖场的工作内容，进行场区划分，按照功能分区开展各项工作，人员各行其道，减少人、物品交叉造成的病原传播，目前场区除了设置生活区、管理区、生产区外，应对引进动物、发病动物设置隔离区，进行粪污处理的环保处理区。

2.2.3 隔离区应远离生产区，设单独的道路与出入口

隔离区用于隔离和处理患病动物，是疫病防控的重点部位，应远离生产区，目的是要控制和减少病原传播，应设单独的道路与出入口，对进出的人员、车辆、动物、器具等认真做好消毒工作。

2.2.4 养殖场生产区内净道与污道应无交叉

养殖场生产区净道（图2-2）、污道（图2-3）分开，不能交叉，人员、饲料、产品运输应走净道，粪污、病死畜禽等污染物走污道，减少场区内病原扩散交叉。净道、污道要定期进行清扫和消毒。

图 2-2　养殖场生产区净道

图 2-3　养殖场生产区污道

2.3　畜禽舍环境

畜禽舍是养殖场防疫的核心部位，畜禽舍内外容易聚集畜禽病原，直接影响舍内畜禽的健康，做好畜禽舍内外环境清洁、卫生，是控制畜禽发病、减少兽用抗菌药使用的重要工作之一。

2.3.1 畜禽舍周边应保持清洁卫生、无养殖废弃物、杂物等

养殖场畜禽舍周边保持环境优美（图2-4），减少环境中病原微生物，目的是确保畜禽健康养殖，因此养殖场应及时清理废弃物、杂物等，特别是养殖生产使用的工具、含有免疫疫苗的空瓶、药瓶袋等，为畜禽养殖提供清洁卫生环境。

图2-4　养殖场畜禽舍周边环境清洁卫生

2.3.2 畜禽舍内环境应清洁、卫生，保持空气新鲜，并能根据舍外天气控制调节

畜禽舍内设备设施的灰尘多，疫病病原多，而且环境条件适宜病原生长，因此做好畜禽养殖舍内清洁卫生（图2-5）是畜禽健康养殖的保障。养殖场应根据自身的实际情况，加强管理，保持舍内空气新鲜。同时应根据舍外天气，控制调节舍内设施设备参数，使畜禽达到较为舒适的状态。

图2-5　养殖场畜禽舍内环境卫生清洁

2.4 消毒设施

消毒设施是养殖场生物安全的需要，特别是与畜禽养殖有关的人员、车辆、物品等常常携带病原，引起畜禽发病。目前一些养殖场在消毒设施配置和使用方面还存在较大的问题。

2.4.1 养殖场入口应设置车辆消毒池、喷雾消毒等设施设备

养殖场入口设置车辆消毒池、喷雾消毒等设施设备（图2-6）是防疫的基本要求，但是有的养殖场存在缺乏消毒设施设备，消毒池无消毒液，消毒设施损坏或者闲置不用等问题。

图2-6　养殖场入口设置车辆消毒池

图2-7　养殖场、生产区人员通道的脚垫消毒、雾化消毒设施设备

2.4.2 养殖场、生产区入口的人员通道应设置脚垫消毒、雾化消毒设施设备

养殖场、生产区的人员通道除了有更换衣服，穿戴防护衣帽、鞋套设施外，应设置脚垫消毒、雾化消毒设施设备（图2-7），实施消毒以消灭病原，为生物安全、健康养殖提供优良消毒设施。

2.4.3 畜禽舍入口应设置脚垫消毒等设施设备

畜禽舍入口应设置脚垫消毒等设施设备，对出入畜禽舍的人员进行消毒。养殖人员经过生产区的不同区域、道路时，脚底的粪污、尘土等可能携带一些病原，直接进入畜禽舍会造成病原传播，作为疫病防控重点的畜禽舍，应在养殖舍入口设置脚垫消毒等设施设备。

2.5 粪污处理设施

养殖场进行粪污处理是维持畜禽良好生长环境的需要，是保护我国畜禽养殖生态环境的需要，还是防止粪污污染环境的需要，不仅要做好畜禽舍内的粪污处理，还要做好场内粪污处理与资源化利用，控制粪污病原传播能减少畜禽发病，减少兽用抗菌药的使用。

2.5.1 养殖场应根据养殖动物品种、饲养模式和饲养规模选择适宜的粪污处理模式

粪污可能携带畜禽的病原，尤其是发病畜禽粪污。粪污在畜禽舍和养殖场聚集，造成病原扩散、繁殖，影响空气质量和生物安全。随着畜禽养殖设备的不断提升，养殖场应根据畜禽饲养种类、品种、饲养模式和饲养规模，选择适宜的粪污处理模式（图2-8）。

图2-8 家禽层叠式养殖舍内粪便清理的传送带设备

2.5.2 动物舍内应配置清粪设施设备，舍外应配置粪污输送或运输设施设备，保证舍内、场内卫生清洁

现代畜牧业生产中，为畜禽生长和生产提供良好的环境是健康养殖的必备条件。舍内应配置清粪设施设备，舍外应配置粪污输送或运输设施设备（图 2-9），减少舍内粪便存留时间，降低氨气等有害气体浓度，舍外清洁无粪便，可提高畜禽环境卫生和舒适度，为保障健康养殖，减少兽用抗菌药使用提供了设施条件支撑。

图 2-9　畜禽粪便由传送带自动输送到粪污处理设备

2.5.3 养殖场应配置粪污无害化处理设施设备，建立粪污清理和无害化处理制度，实施无害化处理，达到 NY/T 1168、GB 18596 的要求

图 2-10　畜禽粪污经处理设施设备制成无害化粪肥

养殖场应根据自身条件配置粪污无害化处理设施设备，如发酵塔、发酵槽、干湿分离机、厌氧发酵池等设备设施（图 2-10），建立粪污清理和无害化处理制度，按照制度实施，达到 NY/T 1168《畜禽粪便无害化处理技术规范》、GB 18596《畜禽养殖业污染物排放标准》的要求，严格控制粪污对养殖场生物安全的危害，减少病原危害。

2.5.4 养殖场应在隔离区配置病死畜禽无害化处理设施设备，实施无害化处理，达到《病死及病害动物无害化处理技术规范》要求

病死畜禽无害化处理是减少病原传播的关键措施，病死动物携带大量的病原微生物，可能具有高度的传染性，养殖场发现发病畜禽应及时采取隔离措施，死亡畜禽按照《病死及病害动物无害化处理技术规范》要求，进行无害化处理或集中处理。

2.5.5 未达到 2.5.4 要求的，应具有无害化处理渠道，在隔离区配置足够的病死动物暂存冷冻设施设备，满足暂存需求

养殖场不具备病死动物无害化处理设施设备时，应与病死畜禽无害化处理企业签订协议，由病死畜禽无害化处理企业定期进行收集和集中处理，填写养殖场（户）病死畜禽无害化集中处理登记表（图 2–11），养殖场应在隔离区配置足够的病死动物暂存冷冻设施设备（图 2–12、图 2–13），满足暂存需求，尽可能减少病原传播对养殖的影响，减少畜禽发病，从而减少兽用抗菌药的使用。

养殖场(户)病死畜禽无害化集中处理登记表　0040523

养殖场(户)：　　集中收集单位：　　年　月　日

病死畜禽申报种类	数量(头、只)	死亡日龄	病死畜禽耳标信息	死亡原因	基层站核实病死畜禽数量(头、只)								是否参加政策性保险
					猪	蛋鸡/鸭/鹅	肉鸡	兔	肉牛	奶牛	羊	其他	

养殖场(户)基本信息(必填)

镇(街)：　村名：　养殖场(户)负责人身份证号码：　及联系电话：

养殖场(户)银行账户信息(必填)

姓名或单位名称：　开户行：　银行账户或一本通账号：

养殖户负责人签字：　收集人员签字：　收集车辆号码：鲁　监督兽医签字：

备注：此表一式四份，第一联(白)：基层动监站；第二联(红)：集中收集单位；第三联(蓝)：养殖场(户)；第四联(黄)：区动物卫生监督机构。

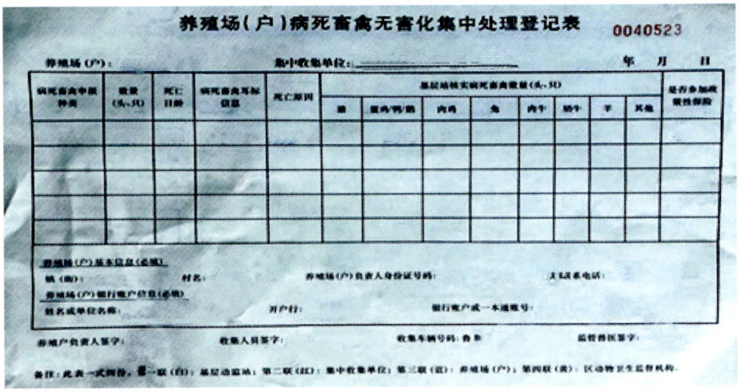

图 2–11　养殖场（户）病死畜禽无害化集中处理登记表示例

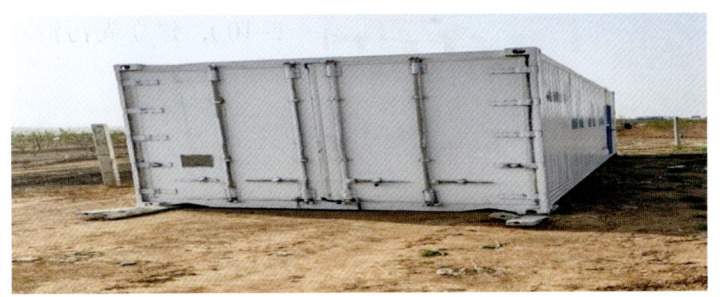

图 2–12　养殖场隔离区配置的病死动物暂存设施

图 2-13 养殖场隔离区配置的病死动物暂存冰柜

2.6 养殖场生物媒介防控设施

通过科学规划与合理布局，结合防鼠道与纱网安装等生物安全防控措施，畜禽养殖场区能够有效降低鼠类及蚊蝇等有害生物的危害，通过降低疫病传播风险，有效减少兽用抗菌药物使用。

2.6.1 防鼠道设计与施工

在畜禽养殖场区的规划与建设中，为防止鼠类等有害生物侵扰，确保养殖环境的卫生与安全，需在养殖场区及建筑物周边铺设一圈防鼠道。此设计不仅针对各类畜禽舍，也涵盖料库、办公区等辅助生产建筑，形成全方位防护体系。

防鼠道的主要铺设材料推荐采用碎石，因其具备良好的透水性与稳定性，能有效阻止鼠类挖掘。防鼠道的标准宽度应设定为40～50cm，厚度保持在20～30cm，以确保其结构稳固且能有效阻断鼠类通道。铺设过程中，需确保碎石层均匀且密实，避免形成鼠类可能利用的缝隙。此外，根据场区实际情况，可在防鼠道上灵活布置捕鼠夹与投放毒饵，以增强防鼠效果。

2.6.2 防蚊蝇措施

为有效防止蚊蝇等飞虫进入畜禽舍，造成疾病传播风险，建议在畜禽舍周围特别是窗户、门及所有进出口通道外侧安装细密纱网。纱网的孔径选择至关重要，通常推荐采用40目规格，既能有效阻挡蚊蝇，又不至于影响通风效果。此外，保持畜禽舍内外环境整洁，减少蚊蝇滋生地，也是防蚊蝇工作的重要组成部分。

③ 养殖场兽医人员要求

在养殖场兽用抗菌药使用减量化的实践中，兽医人员扮演着至关重要的角色。兽医人员不仅负责畜禽疾病的临床症状观察、初步诊断、深入化验与确诊，还承担着制定早期防控措施及根据药敏试验结果选用敏感药物进行精准治疗的任务。因此，合理配备兽医团队，对于减少养殖场兽用抗菌药的不科学使用具有决定性意义。

3.1 兽医人员配备

兽用抗菌药使用减量化行动要求养殖场配备兽医人员，或者具备稳定、可靠的兽医技术服务来源，为养殖场提供专业的兽医技术服务。

3.1.1 养殖场一般应配备足够的专职兽医人员，具有执业兽医资格或兽医专业中专以上学历

养殖场专职兽医人员承担畜禽疫病的防控、治疗工作，是养殖场兽用抗菌药使用的决策人员，是养殖场兽用抗菌药使用减量化工作的关键人员。养殖场在配备专职兽医人员时，要保证兽医人员数量，还要保证兽医人员的专业水平，要具有执业兽医资格或兽医专业中专以上学历。缺乏专业的兽医人员往往导致兽用抗菌药使用不科学、不规范，甚至滥用。

3.1.2 养殖场未达到 3.1.1 的要求，应有稳定、可靠的兽医技术服务来源（包括社会化服务），保证诊疗需求

随着养殖生产分工细化，加上先进设施设备的应用，养殖场用工数量显著减少，但养殖场应保证兽医人员数量。对于中小型的养殖场无法配备兽医人员，应与提供兽医技术服务的企业或社会化服务组织签订稳定可靠的服务协议，为养殖场提供畜禽诊疗、化验检测、药敏试验等工作，保证畜禽健康养殖，采用科学、规范的诊疗方法，减少养殖场兽用抗菌药使用。

3.2 兽医人员诊疗能力

兽医人员诊疗能力直接影响兽医人员对畜禽疾病的准确诊断，一旦诊断不正确就会造成兽用抗菌药滥用，增加养殖场兽用抗菌药使用量。

3 养殖场兽医人员要求

3.2.1　兽医人员应能及时观察发现养殖动物异常，并做出初步诊断

开展兽用抗菌药使用减量化工作的兽医人员，应了解畜禽的习性，在巡视和观察畜禽时（图3-1），能够及早发现异常，根据症状进行疾病初步诊断，为进一步诊断和采取措施提供依据。

图3-1　兽医人员巡视和观察畜禽情况

3.2.2　兽医人员应能依据动物临床症状、剖检病理症状等做出准确诊断判断

兽医人员应对畜禽的疾病充分了解，包括临床症状、剖检病理变化，掌握疾病的典型症状和病变（图3-2），再通过问诊、观察、剖检，做出准确诊断判断，为正确使用兽用抗菌药提供依据。

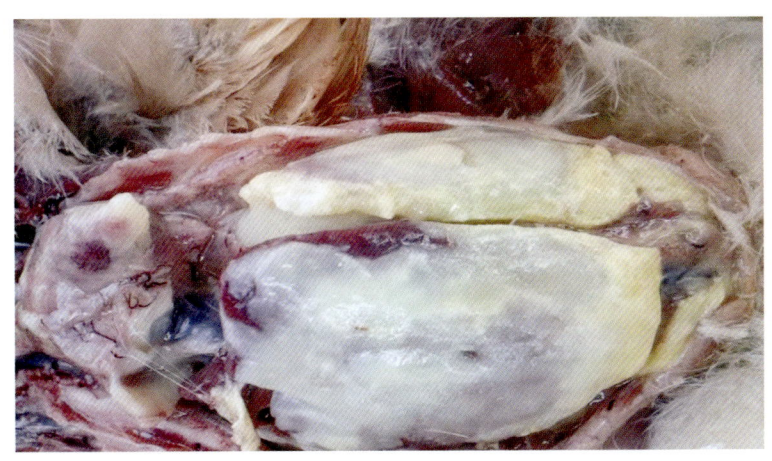

图3-2　兽医人员根据病死鸡肝脏包膜典型症状诊断疾病

3.3 兽医人员使用抗菌药的水平和能力

兽医人员使用兽用抗菌药的水平和能力，关系到养殖场兽用抗菌药的使用量和用药成本，兽医人员要熟练掌握兽用抗菌药的知识，科学、规范使用兽用抗菌药。

3.3.1 兽医人员应能依据动物发病状况、用药指征，选择兽用抗菌药并制定用药方案

兽医人员应能通过分析畜禽的发病症状，判断畜禽疫病、疾病感染种类，根据药物治疗特点，针对具有细菌性疾病的症状，选择兽用抗菌药，制定包括使用途径、次数、剂量、疗程的用药方案。

3.3.2 兽医人员应能依据药物敏感试验结果，合理选择兽用抗菌药并制定用药方案

兽医人员应掌握药敏试验原理和方法，能进行药物敏感试验或依据药敏试验结果，科学合理选择敏感性高、治疗效果佳的药物，制定包括使用途径、次数、剂量、疗程的用药方案。

❹ 养殖场兽医诊疗条件要求

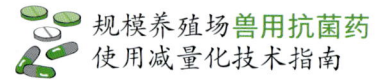

养殖场兽医诊疗条件是指养殖场为兽医人员开展诊疗活动提供的场所和设施设备，主要包括诊疗场所及设施设备，诊疗场所具备病理诊断、药敏试验功能。

4.1 诊疗场所及设施设备

养殖场诊疗场所包括办公场所、诊疗、化验场所，并配备相应的设备。目前一些养殖场无诊疗场所，设施设备不健全，不能在兽用抗菌药使用减量化中发挥兽医人员的作用。

4.1.1 养殖场应为兽医人员配备办公场所，配备办公设备

开展兽用抗菌药使用减量化工作，养殖场要为兽医人员提供办公场所、配备办公桌椅、电脑等设备，方便兽医人员对诊疗工作进行记录、总结等。

4.1.2 养殖场应为兽医人员配备必要的诊疗、化验场所

养殖场应为兽医人员配备必要的诊疗、化验场所，为兽医正确诊断疾病、用药治疗提供支持，目前多数养殖场缺乏诊疗、化验场所或者这些场所利用率不高，兽用抗菌药使用减量化工作应充分利用诊疗、化验手段，提高疾病诊断准确率，减少滥用药。

4.1.3 诊疗、化验场所应配备设施设备等

养殖场设立的诊疗、化验场所，应当具备能够对畜禽进行解剖的器械，例如解剖台、解剖刀剪，用于解剖工作，显微镜、酒精灯用于化验工作，消毒设施设备用于诊疗后环境消毒工作。

4.2 诊疗场所功能

诊疗场所是兽医人员开展诊疗、化验的场所，其功能应包括以下3个方面。

4.2.1 应配备临床检验工作设备，并能开展临床检验工作

养殖场诊疗场所配备的设备能够满足临床检测工作，发挥兽医诊疗作用，为兽用抗菌药使用减量化工作服务。

4.2.2 应配备生化检验工作设备，并能开展生化检验工作

生化检验工作设备主要用于畜禽疫病生化指标的检测，为兽医诊断提供技术支持，养殖场应完善生化检测设备，开展畜禽疫病准确诊断，促进兽用抗菌药使用减量化，不具备条件的养殖场应委托专业机构进行检测。

4.2.3 应配备血清学检验工作设备，并能开展血清学检验工作

血清学检验工作设备主要用于畜禽疫病血清学检测（图4-1），这是判断畜禽免疫后抗体水平的重要手段。养殖场配备血清学检验工作设备，有利于及时掌握畜禽健康状态，便于采取措施，减少畜禽疫病的发生，减少兽用抗菌药使用。不具备条件的养殖场应委托专业机构进行检测。

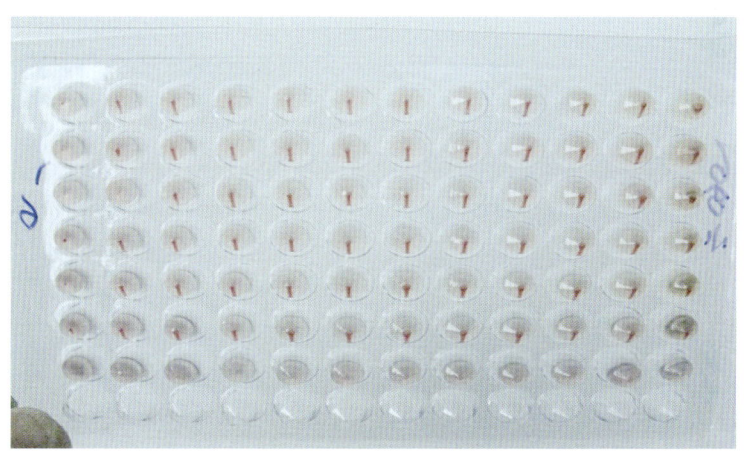

图 4-1 采用微量血凝抑制试验检测畜禽抗体水平

4.3 诊疗场所病理诊断、药敏试验功能

病理学诊断是通过动物组织的病理学特征诊断畜禽疫病，是准确诊断疫病的重要方法之一；药敏试验是筛选治疗细菌病敏感药物的方法，这两项功能均可在畜禽疫病诊断、治疗时减少兽用抗菌药使用。

4.3.1 应配备病理学诊断仪器设备及具备相应能力的人员,并能开展病理学诊断工作

养殖场在畜禽疫病诊断时,通过病理学特征,可提高诊断的准确性,一般有条件的大型养殖场应配备病理学诊断仪器设备及具备相应能力的人员,开展病理学诊断,提高畜禽疫病诊疗水平,减少兽用抗菌药使用。

4.3.2 应配备细菌分离和兽用抗菌药敏感性试验仪器设备及具有相应能力的人员,指导选择用药

兽用抗菌药使用减量化的重要环节就是在畜禽发病治疗时如何科学使用兽用抗菌药,细菌分离和药物敏感性试验可以针对致病菌筛选敏感、高效的治疗药物,因此配备细菌分离和兽用抗菌药敏感性试验仪器设备及具有相应能力的人员(图4-2),是养殖场兽用抗菌药使用减量化工作的重要措施。

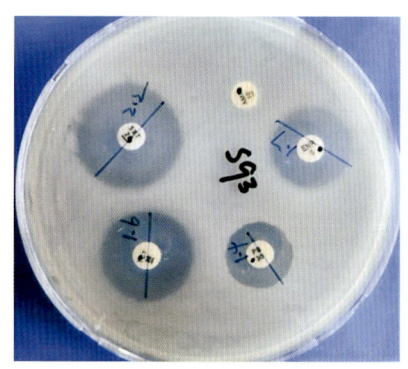

图 4-2 兽用抗菌药敏感性试验结果示例

4.3.3 不具备4.3.1、4.3.2中的仪器设备和能力人员的养殖场,可通过社会化服务满足病理学诊断、药敏试验指导诊断和用药

不具备4.3.1、4.3.2中的仪器设备和能力人员的养殖场,在进行病理学诊断、细菌分离和兽用抗菌药敏感性试验工作时,可委托专业机构进行,从而准确诊断疾病,筛选出敏感的治疗药物,提高治疗效果,从兽用抗菌药品种、剂量、疗程上,减少兽用抗菌药的使用量。

⑤ 养殖场兽药储存条件要求

兽用抗菌药使用减量化行动要求兽药储存条件达标，目的是加强养殖场兽药管理，确保质量，避免兽药使用时疗效降低、失效，保证畜禽细菌病治疗效果，从而减少兽用抗菌药的使用。

5.1　设立专门的兽药储存场所

为了便于兽药管理，养殖场要设立兽药储存场所，一般应设有温度可控的独立药房或与其他库房一体，做到妥善保管兽药，保证质量，避免因兽药质量下降和失效，导致免疫、治疗等无效，造成畜禽细菌病无法控制。

5.2　兽药储存场所应符合避光、防潮等兽药储存要求

某些兽药受到光照或受潮后，使用效果降低或者失效，兽药储存场所应达到避光、防潮的要求，确保兽药质量不因外界环境影响而下降，是兽用抗菌药使用减量化的关键环节之一。

5.3　兽药储存场所应放置冰箱、冰柜等设备

畜禽兽药种类多，一些疫苗、兽药制剂等保存温度不同，因此需要根据不同的兽药储存要求，放入冰箱、冰柜中保存（图5-1）。比如一些养殖场疫苗不按照要求储存，造成免疫效果下降，引发疾病。

5.4　兽药储存场所应配备兽药二维码扫描、上传设备

兽用抗菌药使用减量化行动要求养殖场在兽药储存场所应配备兽药二维码扫描、上传设备，对采购的兽药加强管理。

5.5　兽药应按照种类、品种分门别类存放，不应混放

养殖场兽药储存应按照兽药的不同种类、不同品种分别存放，做到标记清晰，存放整齐（图5-2），而且不同批次分开，按照有效期时间先后使用，避免兽药存放过久过期失效。

5 养殖场兽药储存条件要求

图 5-1　兽药储存场所及兽药冷冻保藏设备

图 5-2　兽药按照种类、品种整齐存放

5.6　兽用抗菌药应在单独区域存放，防止错发错用，增加用药量

养殖场在兽用抗菌药的存储上，要单独存放，按照不同种类、品种、批号、厂家等分别存放，防止兽用抗菌药错发错用，增加用药量；兽用抗菌药要按照有效期时间先后使用，避免兽用抗菌药过期。

❻ 养殖场基本制度

兽用抗菌药使用减量化与养殖场的各部门、各环节密切相关，为了做好兽用抗菌药使用减量化工作，必须加强管理，通过建立健全各项制度，规范各部门、各环节的工作，做到目标统一、分工协作。目前养殖场在基本制度方面普遍存在制度不全面、制度内容不合理，执行不严格的问题。

6.1 生物安全管理制度

生物安全是畜禽健康养殖的保障，养殖场做好生物安全工作需要通过制定与兽用抗菌药使用减量化相关的制度，强化管理措施，为畜禽养殖生产提供安全的环境条件，减少疾病发生和传播。

6.1.1 生物安全管理制度内容

养殖场生物安全管理是做好畜禽疫病防控的关键工作，包括进出养殖场的车辆、人员、物料进出管理，引进畜禽，养殖场的消毒管理、环境卫生管理、饲养人员管理、畜禽疫病免疫计划落实、病死动物剖检及无害化处理等制度，这些制度可以保障养殖场畜禽免受外界病原感染，减少发病，保持健康，达到兽用抗菌药使用减量化的目的。有的养殖场在生物安全防控方面重视程度不够，没有制定科学的制度，缺乏管理措施。

6.1.2 管理制度应以文件、通知等正式发布，并应在工作场所悬挂，养殖场应组织职工认真学习和贯彻执行

生物安全管理制度事关养殖场畜禽疫病防控工作，参加兽用抗菌药使用减量化行动的养殖场制定各项制度时，应以文件、通知等形式发布，并在工作场所悬挂，做好职工对制度的学习和贯彻执行工作。

6.2 兽药供应商评估制度

兽药供应商评估的目的是筛选品质好、性价比高的兽药产品，确保使用效果，尤其是兽用抗菌药质量直接关系到兽用抗菌药使用量。因此建立兽药供应商评估制度，规范兽药采购工作，可有效促进养殖场兽用抗菌药使用减量化工作。

6.2.1 养殖场应建立完善兽药供应商评价制度，采购使用质量好的兽药

兽药供应商评价制度是养殖场兽药采购质量的保障，兽药应以能够有效预防和治疗畜禽疾病为首要目的，其次考虑兽药的价格问题，只有通过科学的兽药供应商评价，才能筛选出使用效果好、用量少的优质兽药，减少养殖生产中兽用抗菌药使用量。在养殖生产中，经常会遇到使用售价低、效果差的兽药而影响畜禽疾病治疗效果的情况。

对兽药供应商进行审核，兽药供应商应符合评价制度要求的条件。对所购兽药进行审核，兽药产品应符合相关条件。养殖场对兽药供应商按程序进行审核。

6.2.2 养殖场应根据不同供应商产品质量、疗效、性价比及不良反应等进行科学合理评价

养殖场除了在采购时对兽药供应商进行评价外，在使用中还应对兽药产品质量、疗效、性价比及不良反应做出评价，为后期兽药采购评价提供依据。

6.3 兽药出入库管理制度

兽药出入库管理制度是指养殖场加强兽药采购入库、使用出库管理，做好包括兽用抗菌药在内的兽药相关记录保障，是养殖场开展兽用抗菌药使用减量化工作应严格执行的制度之一。

6.3.1 养殖场应建立兽药出入库管理制度

兽药出入库管理制度是养殖场做好兽药管理的保障，是控制和减少兽药使用的重要制度。通过兽药出入库管理制度，明确兽药采购、使用数量，掌握兽药使用的精准数据。

6.3.2 兽药出入库管理制度内容

兽药出入库管理制度内容包括出入库登记、分别按流水和品种建账、凭单出入库及凭证存档、定期盘库、盘存账物平衡、上传二维码、兽用抗菌药专账管理。在养殖场兽用抗菌药使用减量化工作中，应完善制度内容，严格执行。

6.3.3 管理制度应科学合理，内容完整

兽药使用关系到畜禽产品质量，特别是一些兽用抗菌药使用时会在畜禽产品中残留，在制定管理制度时应做好兽药入库、出库登记管理，制定的管理制度应科学、内容完整，便于实施。

6.4 兽医诊断与用药制度

兽医诊断与用药制度是养殖场减少兽用抗菌药使用的重要制度，是兽医人员做好诊断和治疗用药的制度依据。

6.4.1 养殖场应建立兽医诊断与用药制度

养殖场兽医诊断与用药制度对兽医在畜禽疫病诊断和用药工作进行规范，确保兽医科学、规范使用兽药，是减少兽用抗菌药使用的重要举措。目前有的养殖场缺乏兽医诊断和用药制度，造成兽药滥用、过量使用，不仅增加养殖成本，而且影响畜禽产品质量安全。

6.4.2 制度基本内容

兽医诊断与用药制度的基本内容包括兽医岗位职责、兽医工作规范、国家制度落实（禁用药管理、处方药管理、兽医处方管理、休药期管理），这些是兽医在进行诊断和用药过程应遵守的制度，在工作中需不断学习相关制度，做到规范用药，把好兽用抗菌药使用减量化的制度关。

6.4.3 制度应符合国家法律法规，科学合理、内容完整

制定兽医诊断与用药制度时，应结合国家兽药管理的有关规定，内容要求科学合理、完整。

6.4.4 兽医处方管理参照《兽医处方格式及应用规范》

为加强兽医处方管理，规范兽医执业行为，2016年10月8日，中华人民共和国农业部公告 第2450号，发布了《兽医处方格式及应用规范》，自发布之日起执行。

6.5 记录制度

记录制度是养殖场规范开展记录，为兽用抗菌药使用减量化工作提供准确、真实数据资料的保障。

6.5.1 养殖场应建立完整的记录制度

养殖场建立完整的记录制度可保证养殖生产活动全面、系统记录工作的有效实施，为养殖生产各环节提供可追溯的数据保障。

6.5.2 记录内容应明确建立记录的岗位、环节、事件

养殖场记录内容包括养殖生产记录、兽用抗菌药出入库记录、兽医诊疗记录、畜禽用药记录等，其中生产记录包括养殖生产各环节的记录。

6.5.3 应保证记录的准确性和真实性，可查找、可统计、可追溯

制定制度时应要求记录的准确性和真实性，能够统计分析，全面掌握养殖生产的情况，在养殖生产中出现异常情况时，能够根据记录情况进行追溯分析，查找原因。

6.5.4 养殖场应做好记录管理，有责任人签名、存档时间等

养殖场在制定制度时，要求做好记录管理工作，在记录上签署责任人姓名和时间，为后期追溯提供依据。

6.5.5 有条件的养殖场可进行电子记录

目前现代化养殖场采用电子记录养殖生产数据，制定记录制度时要求电子记录应以不可更改的形式保存或打印留存。

6.6 其他制度

兽用抗菌药使用减量化行动除了要求制定与兽药使用相关的制度外，对可能影响兽用抗菌药使用的其他制度也要求制定，确保养殖生产相关环节符合兽用抗菌药使用减量化工作要求。

6.6.1 养殖场应建立其他配套制度

养殖场除了对主要生产环节建立记录制度，还应配套卫生制度、免疫接种制度、饲料及饲料加工制度、档案管理制度、培训制度等，确保养殖生产的各环节有记录，为兽用抗菌药使用保留档案，便于日后开展相关情况的追溯工作。

6.6.2 配套制度应完善合理，有利于兽用抗菌药使用减量化工作

其他制度建立的目的是为兽用抗菌药使用减量化工作提供服务和支持，是兽用抗菌药使用减量化行动的要求。

⑦ 养殖场相关记录

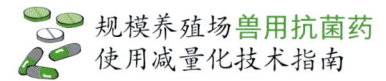

了解养殖场兽用抗菌药使用减量化工作效果如何，要查看养殖场的相关记录。兽用抗菌药使用减量化行动要求提供兽用抗菌药出入库记录、兽医诊疗记录、用药记录以及其他记录。养殖场开展兽用抗菌药使用减量化工作时，应按照要求，详细、真实地做好相关记录。

7.1 兽用抗菌药出入库记录

兽用抗菌药出入库记录可反映出养殖场兽用抗菌药的采购、使用情况，有助于掌握分析养殖场兽用抗菌药使用的种类、数量，为兽用抗菌药使用减量化提供依据。

7.1.1 应建立所有兽用抗菌药台账

做好兽用抗菌药使用减量化工作，首先要明确养殖场兽用抗菌药的使用情况，因此做好兽用抗菌药出入库记录，可为兽用抗菌药使用减量化工作提供可靠的依据（表7-1）。

表7-1 兽用抗菌药出入库记录表

序号				通用名					药物名称			
时间	入库								出库			库存结余
	批准文号	生产批号	规格	含量	数量	生产日期	有效期	供应商	备注	领用数量	领用人	处方人	

7.1.2 所有兽用抗菌药应有购买入库、领用出库、库存记录

开展兽用抗菌药使用减量化行动的养殖场，对所有兽用抗菌药都应有购买入库、领用出库、库存记录等。养殖场要按照管理规定，完善出入库手续和记录，确保记录详细、真实、准确（表7-2、表7-3）。

表 7-2 兽用抗菌药入库记录表

日期	通用名称	规格含量	单位	入库数量	生产企业	批准文号	批号	生产日期	有效期	入库签字

表 7-3 兽用抗菌药出库记录表

日期	通用名称	规格含量	生产企业	批准文号	批号	生产日期	有效期	单位	出库数量	出库签字

7.1.3 记录内容应包括兽药通用名称、规格含量、数量、批准文号、生产批号、生产企业名称等

兽用抗菌药出入库记录应按照兽用抗菌药使用减量化达标养殖场创建要求的内容进行记录，方便统计兽用抗菌药使用数量。

7.1.4 记录内容应准确，可追溯

兽用抗菌药出入库记录内容准确，可为养殖生产一旦出现的问题提供追溯依据，也可准确反映养殖场兽用抗菌药使用情况，为制定兽用抗菌药使用减量化方案提供依据。

7.1.5 记录应按月、按年汇总，记录应账物平衡，购买入库记录与领用出库记录相互对应

兽用抗菌药出入库记录按照时间逐笔记录。为了便于统计分析和档案保存，出入库记录应按月份、按年份汇总，保存于档案盒中。购买入库记录与领用出库记录相互对应。

7.2 兽医诊疗记录

兽医诊疗记录是兽医对畜禽发病诊断、化验检测、治疗用药、治疗效果的记录，是兽医诊疗水平的真实反映。兽医诊疗水平直接关系到兽用抗菌药的使用，养殖场要做好兽医诊疗记录。

7.2.1 治疗性兽用抗菌药用药均应有完整详细的兽医诊疗记录

目前我国已禁止在饲料中添加兽用抗菌药，兽用抗菌药仅用于畜禽疾病治疗，因此养殖场的治疗性兽用抗菌药用药均应有完整详细的兽医诊疗记录。

7.2.2 记录内容至少应包括动物疾病症状（临床、病理）、检查、诊断、用药、转归情况

兽医诊疗记录是养殖场畜禽发病情况的汇总，可从中分析畜禽发病情况，为今后控制畜禽疾病提供依据，因此应详细、准确记录疾病症状（临床、病理）、检查、诊断、用药、转归情况（表7–4）。

表7–4　诊疗记录表

时间	舍号	动物	日龄	临床症状	病理症状	实验室检测结果	诊断结果	治疗用抗菌药名称	通用名	批号	治疗剂量	疗程	转归	休药期	兽医人员签名

7.2.3 兽医诊疗记录应完整，并与用药记录内容一致

兽医人员进行诊疗活动时，应对诊疗情况进行完整记录，兽用抗菌药使用情况要与用药记录内容一致。

7.2.4 动物解剖记录内容

兽医诊疗时，通过解剖的病理变化可以进一步诊断疾病，为兽用抗菌药使用提供依据，解剖记录应有病死畜禽或典型病例剖检记录，包括大体剖检和必要的病理解剖学检查（表7–5）。

7 养殖场相关记录

表 7-5 动物解剖记录表

时间	舍号	动物	日龄	解剖数量	典型症状	采集病料	病理学检查结果	疾病诊断	兽医人员签字

7.2.5 药物敏感性试验记录内容

为了掌握畜禽细菌对药物的耐药情况，减少兽用抗菌药盲目使用造成疗效不佳、增加治疗药物成本，养殖场应积极开展药物敏感性试验，筛选敏感药物用于疾病治疗。每次进行药物敏感性试验时，均应进行记录，为兽医人员在畜禽发病早期选择治疗药物提供依据（表 7-6）。

表 7-6 药物敏感性试验记录表

时间	舍号	动物	日龄	试验方法	试验使用药物	试验结果	判定标准	敏感药物筛选	试验单位人员

7.2.6 病理解剖学检查记录和药物敏感性试验记录应包括委托检测的记录

养殖场不具备畜禽病理学检查和药物敏感性试验条件的，可委托相关单位进行病理学检查和药物敏感性试验，并依据委托检测报告进行记录。

7.2.7 每次兽用抗菌药使用均应有兽医处方记录

兽用抗菌药使用减量化行动要求，养殖场每次使用兽用抗菌药治疗畜禽疾病时，均应有兽医处方记录（图 7-1）。

XXXXXXX 处方笺

动物主人/饲养单位____________________ 档案号__________

动物种类__________ 动物性别__________ 体重/数量__________

年（日）龄__________ 开具日期____________________

诊断:	Rp:

执业兽医师__________ 注册号__________ 发药人__________

第一联 从事动物诊疗活动的单位留存

注：“xxxxxxx 处方笺”中，“xxxxxxx”为从事动物诊疗活动的单位名称。

图 7–1　兽医处方笺样图

7.2.8　兽医处方记录内容

兽医处方记录是反映兽医治疗畜禽疾病用药情况的真实记录，记录应包括用药对象及其数量、诊断结果、兽药名称、剂量、疗程和必要的休药期提示。

7.2.9　兽医诊疗记录应按月、按年或养殖批次汇总统计

为了便于统计分析和档案保存，兽医诊疗记录应按月份、按年份或养殖批次汇总，保存于档案盒中。

7.3　用药记录

用药记录是兽用抗菌药使用减量化达标养殖场创建查看的重要内容，养殖场应提供详细、完整的用药记录。

7.3.1　用药记录要求

用药记录是了解分析养殖场药物使用情况的依据，应按照用药时间、养殖畜禽舍等按时间顺序连续记录、记录内容完整。

7.3.2 用药记录内容

用药记录应使用药物通用名称，方便统计分析。用药记录应具体到药物品种、规格、使用量和用药次数，要与兽医诊疗、处方、药房用药记录一致。

7.3.3 养殖场应有兽用抗菌药使用记录，并记录完整

养殖场兽用抗菌药应有单独的用药记录，按照表格要求填写，确保记录完整（表7-7）。

表7-7 规模养殖场兽用抗菌药用药记录表

使用日期	兽药通用名称	规格含量	产品批准文号	产品批号	群体用药			个体用药		使用方法	使用原药总量（克）	休药期	停药日期
					圈号	数量	日龄	编号	日龄				

7.4 其他记录

与兽用抗菌药使用减量化相关的其他记录包括环境卫生记录、消毒记录、人员及车辆出入记录、疫苗接种记录等。

7.4.1 养殖场应有环境卫生记录

养殖场要保持环境卫生整洁，对场区不同区域的环境卫生清理清扫等活动应进行记录（表7-8）。

表7-8 养殖场环境卫生记录表

日期	环境卫生清扫地点	卫生清扫人员	检查人员

7.4.2　养殖场应有消毒记录

养殖场开展的场区环境、畜禽舍内、隔离场所、粪污处理场所等区域和物品的消毒工作应有消毒记录（表7–9）。

表7–9　养殖场消毒记录表

日期	消毒区域和物品	消毒剂名称	生产厂家	批号	消毒方法	使用剂量	消毒人签字

7.4.3　养殖场应有人员及车辆出入记录

养殖场应加强出入人员、车辆的管理，做好人员及车辆的出入记录工作（表7–10）。

表7–10　养殖场人员及车辆出入记录表

日期	入场时间	人员	单位	车牌号	事由	离场时间	值班人员

7.4.4　养殖场应有疫苗接种记录

养殖场应根据疾病免疫需要制定免疫程序，开展疫苗接种工作并做好疫苗接种记录（表7–11）。

表7–11　养殖场疫苗接种记录表

接种时间	舍号	免疫数量	免疫剂量	疫苗通用名称	生产企业	批准文号	批号	免疫人员

7.4.5 各种记录应完整，与管理制度要求一致

养殖场的各种记录应本着提高管理水平，保存养殖生产数据，促进兽用抗菌药使用减量化工作，为养殖生产服务的原则，做到记录完整，与管理制度要求一致。

7.5 档案管理

档案是养殖场生产活动的记录，是养殖场发展历程的见证。做好档案管理也有助于全面了解养殖场在兽用抗菌药使用减量化的做法和效果，促进兽用抗菌药使用减量化工作。

7.5.1 养殖场应健全档案管理，符合 NY/T 3445 要求

养殖场应健全档案管理，按照 NY/T 3445《规模养殖场档案管理规范》要求，进行经营资质、场区布局、进出场管理、养殖过程管理、养殖场投入品管理、人员管理等方面档案管理。

7.5.2 养殖场在做好养殖生产档案的基础上，形成专门的兽用抗菌药使用减量化工作档案

开展兽用抗菌药使用减量化行动的养殖场，除了做好养殖生产档案管理外，要形成专门的兽用抗菌药使用减量化工作档案。

7.5.3 兽用抗菌药使用减量化档案应按年度归集，可用作兽用抗菌药使用减量化的评价佐证材料

开展兽用抗菌药使用减量化行动的养殖场，应按年度归集兽用抗菌药使用减量化档案材料，便于为减量化达标养殖场创建提供兽用抗菌药使用减量化的评价佐证材料。

8 养殖场兽用抗菌药使用减量化方案制定

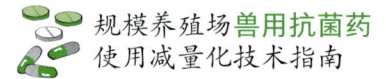

养殖场开展兽用抗菌药使用减量化行动，要根据养殖场的实际情况，结合国家现阶段畜禽兽用抗菌药使用减量化行动方案，制定自己的兽用抗菌药使用减量化方案，做到有目标、有措施，既有5年方案，又有年度方案，按照方案逐年开展兽用抗菌药使用减量化工作，做到单位产品的兽用抗菌药使用量逐年下降，实现减量化目标。

8.1 制定减量化方案

养殖场开展兽用抗菌药使用减量化行动，应制定兽用抗菌药使用减量化行动方案，做到减量化工作要有目标、有措施，既有5年方案，又有年度方案。

8.1.1 养殖场应成立兽用抗菌药使用减量化工作领导小组，加强工作领导和监督

养殖场要重视兽用抗菌药使用减量化工作，成立减量化工作领导小组，加强工作领导和监督。一些养殖场没有重视兽用抗菌药使用减量化工作，认为兽用抗菌药使用减量化工作与养殖场关系不大，对养殖效益未带来好处，而且增加了工作量，这是极其错误的。兽用抗菌药使用减量化工作是我国提升畜牧业高质量发展的重要举措，通过减量化工作提升养殖生产水平，减少畜产品药物残留，是每个养殖场的责任，必须引起高度重视。

8.1.2 兽用抗菌药使用减量化方案应由养殖场负责人、技术人员、管理人员等共同制定

兽用抗菌药使用减量化工作涉及养殖生产的各个不同环节，需要相互配合共同实施。首先养殖场负责人要重视兽用抗菌药使用减量化工作，在养殖模式、生产方式等方面进行顶层设计；技术人员在饲养管理和兽医疫病防控、治疗上采取有效措施，减少畜禽发病和用药；管理人员要做好兽用抗菌药的采购、保管，确保兽药质量，减少兽用抗菌药使用量。因此兽用抗菌药使用减量化方案应由养殖场负责人、技术人员、管理人员等共同参与制定。目前一些养殖场在兽用抗菌药使用减量化方案制定时，不清楚养殖场兽用抗菌药使用情况，方案制定目标不明确，不切合实际情况，缺乏有效措施，造成方案可行性不高，最终目标不易实现。

8 养殖场兽用抗菌药使用减量化方案制定

8.1.3 养殖场应根据养殖动物种类、生产水平、发病死淘率、兽用抗菌药使用情况，结合养殖场基础条件，科学合理确定兽用抗菌药使用减量化目标

农业农村部印发的《全国兽用抗菌药使用减量化行动方案（2021—2025年）》指出，要以猪、禽、牛、羊等畜禽为重点，确保"十四五"时期全国产出每吨动物产品兽用抗菌药的使用量保持下降趋势。对达标养殖场创建规定了养殖场单位产品用药量应达到规定水平。蛋鸡≤100g，肉鸡、肉鸭（生长不超过60天）≤100g，或肉鸡、肉鸭（生长超过60天）≤120g，生猪≤150g，肉羊、肉牛≤100g，奶牛≤50g。养殖场在制定目标时，应详细了解本场的情况，特别是单位产品用药量，结合采取的措施和效果，科学合理确定兽用抗菌药使用减量化目标。不要照搬其他养殖场的目标，不要脱离目前养殖现状。

8.1.4 兽用抗菌药使用减量化目标应包括5年阶段目标和年度目标，逐步推进减量化工作

我国各级政府发布了到2025年的兽用抗菌药使用减量化行动方案，在行动的早期，养殖场可规划制定5年兽用抗菌药使用减量化阶段目标，同时结合每年的兽用抗菌药使用减量化工作措施，分年度制定年度目标，便于每年兽用抗菌药使用减量化工作的推进。

8.1.5 养殖场应详细分析兽用抗菌药使用原因、诊疗效果，采取针对性措施，制定可行的减量化方案

制定兽用抗菌药使用减量化方案要做到有的放矢，首先要明确养殖场使用兽用抗菌药的原因是什么，是用于治疗疾病还是预防用药，用药效果好还是无效，其次要清楚兽用抗菌药使用多的原因，包括畜禽种源不健康、饲料饮水卫生差、药物质量差、兽药保管不当、兽医诊疗水平低、细菌耐药水平高、用药方法不当等，找准原因才能采取有效的措施。

8.1.6 养殖场应注重兽用抗菌药使用减量化新技术新产品的应用，提高减量化效果

近年来，由于畜禽养殖饲料端禁抗，兽用抗菌药只能用于畜禽细菌性疾

病的治疗，因此保障畜禽健康需要应用减抗替抗的新技术、新产品，如微生态制剂益生菌、酶制剂、兽用中药制剂、中药提取物、调解畜禽肠道的有机酸、杀灭细菌的噬菌体、抗菌肽等产品，提高畜禽抗病力、改善养殖环境，减少畜禽发病，从而达到不使用兽用抗菌药的目的，实现兽用抗菌药使用减量化。现代畜牧业高质量发展要求，畜禽养殖应采用加强饲养管理、疫病防控等多种措施，提高养殖生产水平和养殖经济效益。

8.2 方案评价与完善

兽用抗菌药使用减量化方案是养殖场开展兽用抗菌药使用减量化行动的目标和具体措施，方案是否有助于兽用抗菌药使用减量化，需要通过单位产品用药量、疾病控制情况和生产效益等方面进行评价，针对存在的问题每年应进行方案完善。

8.2.1 养殖场应结合兽用抗菌药使用减量化自评结果，对方案的减量化措施进行完善，加快减量化工作进程

开展兽用抗菌药使用减量化行动的养殖场，应按照减量化工作实施方案开展减量化工作，养殖场的负责人、技术人员应对方案的措施进行检查、监督，了解实施效果，对效果不佳的措施、技术等进行原因分析，完善改进方案，提高减量化效果，完成减少兽用抗菌药使用、提高养殖生产水平、加快减量化工作进程的目标。

8.2.2 养殖场应组织参加培训、加强与技术人员交流，借鉴其他养殖场经验，不断完善减量化方案，提高兽用抗菌药使用减量化技术水平

目前养殖场对兽用抗菌药使用减量化工作的认识仍然不足，积极性还不高，减量化技术应用少，技术不系统不全面，有的忽视生物安全防控，也有的饲料饮水卫生差，因此养殖场应参加或组织相关技术培训，通过学习交流，借鉴其他养殖场的经验，不断完善减量化方案，提高减量化效果和水平。

9 兽用抗菌药使用减量化关键技术

开展兽用抗菌药使用减量化行动的养殖场，应从畜禽健康出发，加强管理和疫病防控，提高健康水平，做到不发病不用药；畜禽一旦发病要通过科学快速诊断、筛选敏感药物治疗，做到用对药少用药，实现兽用抗菌药使用减量化。兽用抗菌药使用减量化关键技术主要包括：饲料与饮水安全卫生技术、饲养管理技术、健康保健技术、免疫防控技术、疫病诊断技术、药物敏感性检测技术、中兽药防治技术。

9.1 饲料与饮水安全卫生技术

饲料、饮水中病原是造成畜禽疾病的原因之一，由于饲料品种多、来源广，在生产、储存、加工过程中受到病原污染，饮水水源受到病原污染，饮水管线中细菌聚集，饲料饮水卫生差，极易引发畜禽疾病，增加兽用抗菌药使用量。

9.1.1 养殖场使用的饲料或原料应来源明确、安全卫生，符合 GB 13708 要求

养殖场使用的饲料或原料应来源明确，达到 GB 13708《饲料卫生标准》，减少病从口入，保障畜禽的健康养殖，是兽用抗菌药使用减量化的重要环节。

9.1.2 养殖场使用饲料和添加剂应严格执行《饲料和饲料添加剂管理规定》

规模养殖场使用的饲料和饲料添加剂，应按照 2017 年 3 月 1 日《国务院关于修改和废止部分行政法规的决定》第四次修订中关于规模养殖场饲料添加剂使用的规定，保证饲料和饲料添加剂科学使用，减少畜禽发病，减少兽用抗菌药使用。

9.1.3 养殖场应供给动物安全卫生的饮水，水质一般应符合 NY 5027 要求

畜禽饮水质量直接关系畜禽健康，尤其是饮水中有害细菌数量超标将影响畜禽健康，甚至发病，增加兽用抗菌药的使用量，因此养殖场的水质一般应符合 NY 5027《无公害食品　畜禽饮用水水质》要求。目前一些养殖场采用饮水净化处理，饮水质量提高，促进了畜禽健康。因此养殖场应注意畜禽饮水质量，做好水质净化和饮水管道的消毒。如有的养殖场采用全自动 RO 反渗透净水预处理系统（图 9-1），在线水质检测，实时监测水质变化，全自

动电控程序，采用反渗透原理连续运行制水并有效地去除水中的溶解盐类、胶体、微生物、有机物等，软化水质、净化水质，保证水质稳定。

图 9-1　全自动 RO 反渗透净水预处理系统净化处理饮水

9.1.4　宜采用饲料霉菌控制技术、饮水灭菌净化技术

由于饲料、饲草在收储过程中可能受到霉菌污染，霉菌毒素可引起畜禽免疫抑制，降低抗病力，养殖场在配制畜禽饲料时要根据饲草饲料霉菌检测情况使用霉菌控制技术，减少霉菌产生的毒素对畜禽的危害，减少发病；畜禽饮水要根据水源、水线细菌检测结果，对水源进行消毒净化，对饮水管线进行冲刷、消毒，降低饮水中细菌数量，防止畜禽病从口入，减少畜禽发病，从而减少兽用抗菌药使用。

9.2　饲养管理技术

饲养管理既是畜禽养殖生产的需要，也是保障畜禽健康的需要。从畜禽健康出发，为畜禽提供舒适的生产条件，减少应激；提供精准、全面的营养，增强抗病力，就能减少疾病发生，从而减少兽用抗菌药使用。

9.2.1　应根据养殖场条件，采用机械化、自动化、智能化生产模式

采用机械化、自动化、智能化生产模式（图 9-2）不仅能够提高生产效率，而且有利于减少因饲养人员等携带病原引起的疫病传播而造成的疾病发生。

图 9-2 奶牛场采用机械化、自动化、智能化生产模式

9.2.2 宜采用智能化控制技术

畜禽养殖稳定舒适的环境是畜禽健康养殖的关键，智能化控制技术（图 9-3），能够精准调控动物养殖环境温度、湿度、光照、风速、风量、有害气体等参数，为动物提供稳定舒适的环境，减少应激造成疾病发生。畜禽在遇到低温、高温、高湿、有害气体超标等不利因素时，极易产生应激，诱发各种疾病，是造成兽用抗菌药使用增多的重要原因。一些养殖场智能化控制技术水平不高，畜禽养殖环境不佳，时常造成畜禽发病，不得不使用兽用抗菌药进行疾病预防和治疗。

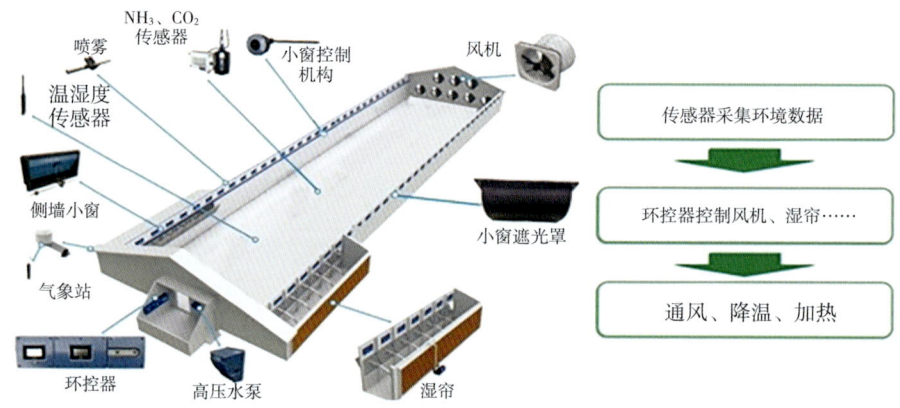

图 9-3 智能化控制技术调控畜禽健康的生产环境

9.2.3 宜采用自动粪污清除和处理设备，及时清除养殖舍内粪污

畜禽粪便中病原微生物数量多，特别是发病畜禽粪便中大量的致病性病原在畜禽舍内环境中扩散，将引起较大规模的畜禽发病，尤其是高密度饲养模式下，病原传播速度更快。采用自动粪污清除和处理方式，可以减少病原在舍内停留时间，减少有害气体产生，保持健康的养殖环境。

9.2.4 应精准配制或使用全价日粮，根据生产性能投喂

畜禽的营养水平关系到畜禽的健康、兽用抗菌药的使用。不同畜禽、不同饲养阶段畜禽的营养需要不同，在配制饲料时要按照畜禽的营养需要精准配制，饲料营养成分应全面，防止营养不足和营养过剩引发畜禽疾病，为兽用抗菌药使用减量化打好基础。

9.2.5 宜采用人工智能巡检、监测技术

在畜禽饲养管理方面，养殖场应加强畜禽的巡视和疾病检测检查工作。对于规模化养殖场，早期发现、防控、处置、淘汰发病死亡畜禽是减少兽用抗菌药使用的重要技术。目前一些现代化规模养殖场已配置人工智能巡检设备、疫病监测诊断设备，有效降低了畜禽的发病，降低了疫病传播，在兽用抗菌药使用减量化中发挥了重要作用。

9.3 健康保健技术

为提高畜禽健康水平，养殖场为畜禽提供生物安全生产环境的同时，还要根据畜禽不同阶段疾病的特点，采取多种措施提高畜禽健康水平，做到尽量不使用兽用抗菌药。

9.3.1 养殖场应加强生物安全防控，按照 NY/T 3075 进行消毒，净化病原

减少兽用抗菌药使用，畜禽健康是关键。为畜禽提供生物安全的环境，养殖场要消灭疫病传染源、切断传播途径，养殖场要按照 NY/T 3075《规模养殖场消毒技术》标准要求进行消毒，净化养殖场病原。

9.3.2 宜使用微生态制剂以及发酵、青贮饲料等，以有益微生物提高动物肠道健康，减少疾病发生

益生菌、益生元、合生元等微生态制剂以及发酵饲料、青贮饲料（图9-4）等在畜禽健康养殖中产生了很好的效果，得到了广大养殖场的认可，养殖场应根据畜禽生产需求，加大微生态制剂产品使用，提高畜禽肠道健康，减少发病，替代和减少兽用抗菌药的使用。

图 9-4 青贮饲料有益菌可改善奶牛肠胃健康

9.3.3 宜采用酶制剂促进饲料分解消化，促进养殖动物健康生产

酶制剂能够促进饲料分解消化，降低饲料中抗营养因子对肠道的不良影响，改善畜禽肠道健康，养殖场应使用酶制剂或相关产品，提高畜禽健康，减少兽用抗菌药的使用。

9.3.4 宜采用抗病毒、细菌的抗体等非兽用抗菌药制剂，预防控制疫病发生，提高动物健康

畜禽发生病毒性、细菌性疾病时，使用抗体等非兽用抗菌药制剂，快速、有效控制疾病蔓延传播，同时降低病毒性疾病引起的细菌性继发感染，达到减少兽用抗菌药使用的目的。

9.3.5 宜采用兽用中药调节养殖动物生理机能，提高抗病能力，预防天气变化、运输等应激因素诱发的疾病

兽用中药作为兽用抗菌药的替代产品已广泛应用于畜禽养殖生产，养殖

场在饲养管理方面，要根据畜禽状况，在天气变化、运输等因素易产生应激时，使用兽用中药等产品，调节养殖动物生理机能，提高抗病能力。

9.4 免疫防控技术

畜禽疫病免疫防控是通过提高畜禽免疫抗体水平，减少病原对畜禽的侵害。免疫防控能够减少危害畜禽健康的重要疫病发生，降低发病程度，减少发病数量，从而避免由于畜禽抗病力降低导致的细菌性疾病继发感染，减少兽用抗菌药使用。

9.4.1 应制定优化养殖动物免疫性疾病的免疫程序，减少传染性疾病发生

畜禽疫病免疫防控已成为畜禽疾病控制的重要技术之一，畜禽免疫性疾病对畜禽健康危害严重，控制好畜禽免疫性疾病可以保障畜禽健康，因此养殖场应根据畜禽疾病流行情况，制定并不断优化免疫程序，减少传染性疾病的发生，从而可以减少兽用抗菌药的使用。

9.4.2 应选择使用质量和效果好的免疫疫苗，免疫操作符合 NY/T 1952 要求

养殖场进行畜禽免疫性疾病免疫时，应对疫苗生产厂家、疫苗质量效果进行充分了解，选择质量和效果好的疫苗，按照 NY/T 1952《动物免疫接种技术规范》进行免疫操作，确保免疫效果。

9.4.3 应监测免疫性疾病的免疫抗体，了解抗体变化规律，及时做好补免工作

养殖场通过采集畜禽血清监测免疫抗体水平，可以了解畜禽免疫性疾病的免疫效果，掌握抗体变化规律，为及时做好补免工作提供依据。

9.4.4 宜使用疫苗控制细菌、支原体感染等疾病，减少兽用抗菌药的使用

细菌性疾病、支原体感染等可采用兽用抗菌药预防，随着疾病免疫技术的发展，一些细菌性疾病宜采用免疫技术进行预防，可以促进兽用抗菌药使用量减少。

9.4.5 应做好免疫设备的消毒，防止注射等免疫接种时造成感染

一些养殖场进行畜禽疫病免疫时，经常出现免疫部位细菌感染，造成兽用抗菌药使用增加。养殖场进行畜禽免疫时，做好免疫设备的消毒才能避免畜禽免疫时细菌感染。

9.5 疫病诊断技术

疫病诊断是兽用抗菌药使用减量化的重要技术。由于畜禽疫病的种类多、混合感染增多、临床症状复杂多变，缺乏典型症状，即使有经验的兽医人员也不能保证诊断准确性，常造成兽用抗菌药滥用。因此养殖场在畜禽发病时应及时进行科学快速诊断，做到早发现、早诊断、早控制，将疫病控制在萌芽阶段，减少细菌性疾病发生，达到减少兽用抗菌药使用量的目的。

9.5.1 应通过观察采食、饮水、精神、呼吸、运动、粪便、生产性能等性状，做到疫病早发现、早控制

养殖场做好畜禽疫病防控工作，需要兽医人员、饲养人员对畜禽采食、饮水、精神、呼吸、运动、粪便、生产性能等性状多观察（图9-5），发现异常及时进行分析判断，做到疫病早发现、早控制，控制疫病传播，减少发病数量，减少兽用抗菌药使用量。

图9-5 兽医人员观察肉鸡生长情况

9.5.2 动物出现疫病早期临床症状时，宜通过专业检测机构进行快速精准诊断

由于目前畜禽疫病临床症状复杂多变，畜禽出现疫病早期临床症状时，兽医人员要通过专业机构利用分子生物学等先进技术，快速精准诊断疾病，避免不需要使用兽用抗菌药治疗的疾病滥用兽用抗菌药，也有助于采取正确措施快速高效控制疫病，避免病毒病继发细菌病，增加兽用抗菌药使用量。

9.5.3 应根据疫病发生规律、特点等开展动物健康体检等，掌握个体、群体的健康水平

养殖场兽医人员要了解畜禽不同阶段的疾病发生规律和特点，提前进行健康状况检查、检测，掌握畜禽个体和群体的健康状况，减少疫病发生，从而减少兽用抗菌药使用量。

9.5.4 针对免疫抑制病、垂直传播性疫病应早期、快速、精准诊断

养殖场兽医人员应了解畜禽免疫抑制病、垂直传播性疫病的特点，在引种和饲养早期，利用分子生物学等技术，进行早期的快速、精准诊断，制定疫病防控措施，减少发病，减少兽用抗菌药使用量。

9.6 药物敏感性检测技术

药物敏感性检测技术是针对当前畜禽细菌耐药水平高，药物治疗效果差，兽用抗菌药使用增加的问题，通过筛选敏感性高、用药剂量低、治疗效果好的药物治疗畜禽疾病，达到用药品种少、使用剂量低，显著提高治疗效果，实现兽用抗菌药减量使用，降低养殖场畜禽治疗成本的目的。

9.6.1 应开展药物敏感试验，选择敏感药物使用，提高治疗效果，减少药物使用量

药物敏感性试验是提高畜禽细菌性疾病治疗效果，减少兽用抗菌药使用的有效技术手段，目前很多养殖场未能开展兽用抗菌药敏感试验，或者敏感试验不规范造成筛选的敏感药物达不到效果。

9.6.2 应按照 NY/T 4142、NY/T 4143、NY/T 4144 测定药物敏感性，掌握养殖场常用兽用抗菌药的敏感程度，供兽医在发病初期选择敏感药物使用

养殖场或委托专业机构在进行兽用抗菌药敏感试验（图9-6）时要按照

NY/T 4142《动物源细菌抗菌药物敏感性测试技术规程　微量肉汤稀释法》（图9-7）、NY/T 4143《动物源细菌抗菌药物敏感性测试技术规程　琼脂稀释法》、NY/T 4144《动物源细菌抗菌药物敏感性测试技术规程　纸片扩散法》进行，确保试验结果的准确。养殖场可建立常用药物敏感性记录或档案，掌握养殖场常用兽用抗菌药的敏感程度，供兽医在发病初期选择敏感药物使用。

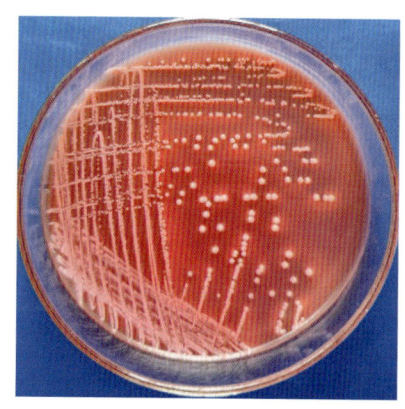

图9-6　兽用抗菌药敏感试验时分离纯化的细菌

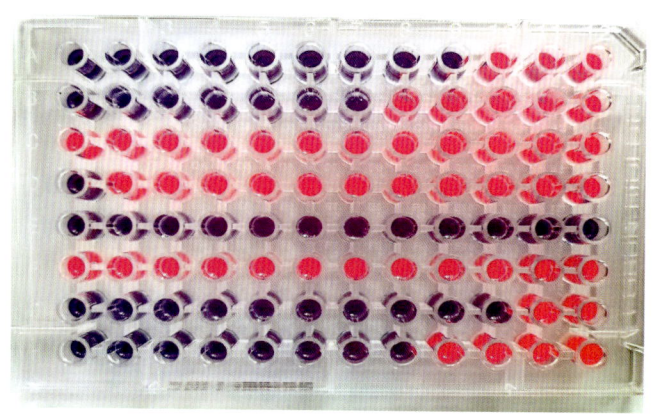

图9-7　微量肉汤稀释法测定兽用抗菌药最小抑菌浓度（MIC值）

9.7　中兽药防治技术

中兽药具有调节畜禽生理机能、增加抗病力、细菌不产生耐药的特点，在预防和治疗畜禽疾病时可作为替抗、减抗产品应用，减少兽用抗菌药使用。

9.7.1　宜使用中兽药预防和控制病毒性、细菌性、寄生虫等感染性疾病

中兽药在预防和控制畜禽病毒性、细菌性、寄生虫等感染性疾病时,具有不产生耐药性、在畜禽产品中无残留的特点,养殖场要根据畜禽各种疾病的特点,加大中兽药的使用,减少兽用抗菌药使用。

9.7.2　在治疗细菌性疾病时,宜使用具有抗菌作用的中药及其提取物,减少兽用抗菌药使用量

近年来,中药及其提取物在防治畜禽细菌性疾病中发挥了很好的作用,已得到规模养殖场的认可,养殖场在治疗细菌性疾病时,可使用具有抗菌作用的中药及其提取物治疗,或者与兽用抗菌药协同治疗,达到兽用抗菌药使用减量化的目的。

10 养殖场兽用抗菌药使用减量化效果评价

养殖场开展兽用抗菌药使用减量化行动效果如何,需要每年度总结形成兽用抗菌药使用减量化情况报告,计算单位畜禽产品用药量,按养殖批次统计分析兽用抗菌药使用减量化情况,进行减量化行动前后效果对比,对养殖场减量化行动进行自查自评,为下一年继续开展兽用抗菌药使用减量化行动制定目标和措施提供依据。

10.1 兽用抗菌药使用减量化情况报告

兽用抗菌药使用减量化情况报告是养殖场对一个阶段的减量化工作的总结,目的是梳理减量化相关工作、统计产品产出及兽用抗菌药使用情况。

10.1.1 养殖场应总结当年兽用抗菌药使用减量化情况

养殖场开展兽用抗菌药使用减量化行动,每年应对养殖场在兽用抗菌药使用减量化的养殖场基本条件、养殖场基本制度、相关记录、减量化行动效果等方面的工作进行梳理总结,形成年度工作报告。

10.1.2 兽用抗菌药使用减量化报告内容

兽用抗菌药使用减量化报告中,应按照养殖场生产记录,统计动物或动物产品产出情况;统计分析养殖场兽用抗菌药使用总体情况、统计分析每个养殖批次兽用抗菌药使用情况。

10.2 单位畜禽产品用药量评价

单位畜禽产品用药量是评价养殖场兽用抗菌药使用情况的重要指标,以 g/t 为单位。

10.2.1 计算实施兽用抗菌药使用减量化行动一年间全场动物或动物产品产出量(表10–1)

表10–1 实施减抗一年间全场动物或动物产品产出量汇总

育雏/仔/羔/犊数 (只/头)	育成数 (只/头)	出栏数 (只/头)	出栏(产蛋/奶)量 (t)

10.2.2 计算实施兽用抗菌药使用减量化行动一年间全场兽用抗菌药制剂使用量（表 10-2）

表 10-2 实施兽用抗菌药使用减量化行动一年间全场兽用抗菌药制剂使用量汇总

抗菌药名称	规格	制剂使用量	制剂折合原料药量（kg）
例：恩诺沙星粉	10%	1kg/袋×240袋	24.00
	合计：	kg	

注：抗菌药名称须填写兽药通用名称，以下同。

10.2.3 单位畜禽产品用药量计算

单位畜禽产品用药量是衡量养殖场兽用抗菌药使用减量化的重要数据，养殖场将一年使用的全部兽用抗菌药折合成原料药与年产畜禽产品毛重相除。

单位畜禽产品用药量 = 使用兽用抗菌药物总量（折合原料药）（g）/ 年产畜禽产品毛重（t）

10.2.4 养殖场单位产品用药量应达到规定水平

现阶段，我国畜禽兽用抗菌药使用减量化评价标准为：蛋鸡≤100g，肉鸡、肉鸭（生长不超过60天）≤100g，或肉鸡、肉鸭（生长超过60天）≤120g，生猪≤150g，肉羊、肉牛≤100g，奶牛≤50g。养殖场达到标准说明减量化工作效果好，未达标准说明减量化工作有待提高。

10.3 按养殖批次统计分析兽用抗菌药使用减量化情况

按养殖批次统计分析兽用抗菌药使用减量化情况，目的是了解养殖场每批次畜禽养殖中兽用抗菌药使用情况，正常情况下，养殖场应采取措施确保每批次的兽用抗菌药使用呈下降趋势。

10.3.1 养殖场应对同一批次养殖动物，按不同饲养阶段，连续统计动物育雏（仔/羔/犊）期、育成期或育肥期（产蛋/产奶期）的动物或动物产品产出，以及以原料药为统计口径的兽用抗菌药使用情况

为全面反映养殖场不同阶段兽用抗菌药使用情况，养殖场在统计分析兽用抗菌药使用情况时，要对同一批次养殖畜禽，按不同饲养阶段，连续统计

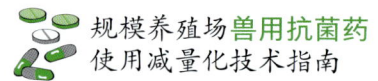

动物育雏（仔／羔／犊）期、育成期或育肥期（产蛋／产奶期）的动物或动物产品产出，如同一批蛋鸡统计育雏期、育成期、产蛋期的产品产出，再统计以原料药为统计口径的兽用抗菌药使用情况。

10.3.2　按养殖批次统计，见表 10-3 至表 10-6。

以下表格需按照不同畜禽的饲养阶段选择使用。

表 10-3　同一养殖批次动物产出与兽用抗菌药使用情况
（育雏／仔／羔／犊期、育成期）

动物种类		饲养阶段：育雏／仔／羔／犊期、育成期			
起止时间		起始数量：　　只／头		终末数量：　　只／头	
用药时间	抗菌药通用名称	规格	使用量	制剂折合原料药用量（kg）	
202×年×月×日	恩诺沙星粉	10%	1kg/袋×240袋	24.00	
合计：			kg		

注：不同情况、不同批次分别统计。

表 10-4　育肥期同一养殖批次动物产出与兽用抗菌药使用情况（肉鸡、肉鸭、生猪）

动物种类		饲养阶段：肥育期			
起止时间		起始数量：　　只／头		终末数量：　　只／头	
用药时间	抗菌药通用名称	规格	使用量	制剂折合原料药用量（kg）	
202×年×月×日	恩诺沙星粉	10%	1kg/袋×240袋	24.00	
合计：			kg		

注：不同情况、不同批次分别统计。

表 10-5　肉牛、肉羊肥育期出栏量与兽用抗菌药使用情况

动物种类		饲养阶段：肥育期			
起止时间		起止数量：		出栏总重量：　　（t）	
用药时间	抗菌药通用名称	规格	使用量	制剂折合原料药用量（kg）	
202×年×月×日	注射用硫酸卡那霉素	2g（200万单位）	10瓶/盒×180盒	3.60	
合计：			kg		

注：不同情况、不同批次分别统计。

表 10-6　奶牛产奶期、蛋鸡产蛋期动物产品产出与兽用抗菌药使用情况

动物种类	奶牛（　） 蛋鸡（　）		饲养阶段：产蛋期（　）产奶期（　）	
起止时间		起止数量：	产蛋/奶量（t）	
用药时间	抗菌药通用名称	规格	使用量	制剂折合原料药用量/kg
202×年×月×日				
	合计：		kg	

注：不同情况、不同批次分别统计。

10.4　减量化行动前后减量化效果对比

通过兽用抗菌药使用减量化行动前后两年数据对比，计算兽用抗菌药使用减少数量和幅度，确定减量化效果。

10.4.1　应分析减量化行动当前年度和前一年度的动物或动物产品产量和兽用抗菌药使用量

兽用抗菌药使用减量化行动的减抗效果评价需要前后两年数据对比，养殖场需提供减量化行动当前年度和前一年度的动物或动物产品产量和兽用抗菌药使用量。

10.4.2　计算当前年度单位动物或动物产品的兽用抗菌药使用量，与前一年度进行对比，确定兽用抗菌药使用减量化幅度

养殖场分别计算当前年度单位动物或动物产品的兽用抗菌药使用量、前一年度单位动物或动物产品的兽用抗菌药使用量，然后计算兽用抗菌药使用减量化幅度，了解减抗效果。

10.4.3　养殖场应尽最大能力将单位产品兽用抗菌药使用量控制在规定水平，如未达到相关要求，当前年度与前一年度环比应呈现下降趋势

养殖场应积极采取管理和技术措施，力争将单位产品兽用抗菌药使用量控制在规定水平以内，但是因养殖场设施设备条件所限，可以通过逐步改进设施设备条件、加强饲养管理，最终实现目标。但是开展兽用抗菌药使用减量化行动的养殖场，当前年度单位产品兽用抗菌药使用量与前一年度环比应呈现下降趋势。

10.5 养殖场减量化行动自查自评

通过对减量化行动自查自评，总结经验、查找不足，不断完善兽用抗菌药使用减量化方案，促进兽用抗菌药使用减量化工作持续开展。

10.5.1 养殖场应每年度组织技术、管理等人员开展兽用抗菌药使用减量化工作自查自评

养殖场在统计出年度单位产品兽用抗菌药使用量、兽用抗菌药使用减量化幅度后，要组织技术、管理等人员开展兽用抗菌药使用减量化工作自查自评，总结减量化工作好的经验做法，查找不足，提出改进措施等，确定下一年的减量化工作方向。

10.5.2 养殖场应每年度完成兽用抗菌药使用情况总结报告

兽用抗菌药使用减量化行动是我国畜牧业高质量发展的重要举措，是促进畜牧发展的长期工作，对养殖场提高生产水平，增加养殖效益具有重要意义，每年度进行兽用抗菌药使用情况总结报告，有利于促进兽用抗菌药使用减量化的开展。

10.5.3 总结报告应统计对比减量化行动当前年度与前一年度的养殖动物死淘率、主要疫病发病率、兽药使用成本、生产性能等数据

总结报告要统计对比减量化行动当前年度与前一年度的养殖动物死淘率、主要疫病发病率、兽药使用成本、生产性能等数据，通过这些数据分析，可为下一步畜禽生产、疫病防控、治疗用药提供数据依据，采取行之有效的措施。

10.5.4 养殖场应总结报告减量化行动当前年度与前一年度的养殖效益比较分析

总结报告减量化行动当前年度与前一年度的养殖效益比较分析，掌握兽用抗菌药使用减量化对养殖场的经济效益提升情况，有利于促进减量化行动的深入开展。

10.5.5　养殖场应每年度进行减量化经验及具体措施总结，并撰写详细报告

养殖场每年度进行减量化经验及具体措施总结，并撰写详细报告，可为后期减量化工作方案制定提供借鉴，明确工作重点，采取有效措施，减少无效工作措施。

10.5.6　养殖场使用中药产品、免疫增强剂或其他替代产品或措施的，应在经验及具体措施中进行效果分析总结

养殖场使用中药产品、免疫增强剂或其他替代产品或措施，在使用中应做好记录，了解产品的效果，可在经验及具体措施中进行效果分析总结，为下一步兽用抗菌药使用减量化工作选择产品提供参考依据。

10.5.7　自繁自养以及出售仔雏的养殖场应提供种畜禽养殖及仔雏产出数量、兽用抗菌药使用情况分析总结

采取自繁自养以及出售仔雏的养殖场在进行减量化行动自查自评过程中，要提供种畜禽养殖及仔雏产出数量、兽用抗菌药使用情况分析总结，了解掌握种畜禽兽用抗菌药使用情况。